火烈鸟

[美] 梅利莎·吉什 著

刘西竹 译

浙江出版联合集团

浙江文艺出版社

Published in its Original Edition with the title
Flamingos
Copyright © 2015 Creative Education.
This edition arranged by Himmer Winco
© for the Chinese edition：Zhejiang Literature and Art Publishing House

本书中文简体字版由北京 Himmer Winco 永固兴码 文化传媒有限公司独家授予
浙江文艺出版社有限公司。
版权合同登记号：图字：11-2015-323号

图书在版编目（CIP）数据

火烈鸟/（美）梅利莎·吉什著；刘西竹译. —杭州：
浙江文艺出版社，2018.1
ISBN 978-7-5339-4769-9

Ⅰ．①火… Ⅱ．①梅… ②刘… Ⅲ．①鹳形目－普及
读物 Ⅳ．①Q959.7-49

中国版本图书馆CIP数据核字（2017）第036895号

策划统筹　诸婧琦　　　责任编辑　陈富余
装帧设计　杨瑞霖　　　责任印制　吴春娟

火烈鸟

作　者　[美] 梅利莎·吉什
译　者　刘西竹

出　版　浙江出版联合集团
　　　　浙江文艺出版社
地　址　杭州市体育场路347号
网　址　www.zjwycbs.cn
经　销　浙江省新华书店集团有限公司
印　刷　上海中华商务联合印刷有限公司
开　本　889毫米×1194毫米　1/12
印　张　4
插　页　4
版　次　2018年1月第1版　2018年1月第1次印刷
书　号　ISBN 978-7-5339-4769-9
定　价　29.80 元（精）

肯尼亚纳库鲁湖国家公园。

暮春时节，2000 余只小火烈鸟终于抵达繁殖地，
加入了上万只鸟儿的大家庭。

肯尼亚纳库鲁湖国家公园。暮春时节，2000余只小火烈鸟终于抵达繁殖地，加入了上万只鸟儿的大家庭。

　　繁殖季节，每只鸟儿都在寻觅理想的配偶，但可以选择的对象有成千上万，所以这个选择既不快速也不简单。湖岸周围的浅水区，一群群鸟儿蹚着水，跳着求偶的舞蹈。

它们一边走"之"字蹚过水面，一边左右摇晃着脑袋。所有的鸟儿整齐划一，远远望去，好像一张粉红的飞毯。

　　一只雌鸟跃出了鸟群，喜欢它的雄鸟紧随其后。它们跳着圆圈舞，互相点着头宣告彼此的欢喜。接下来，它们会一起建筑洞房，养育雏鸟。

它们住在哪儿

■ **大红鹳**
非洲，欧洲南部，中东，印度西部

■ **小红鹳**
非洲撒哈拉以南地区，印度西部

■ **加勒比海红鹳**
美国佛罗里达州，加勒比海诸岛，加拉帕戈斯群岛，哥伦比亚至委内瑞拉

■ **安第斯红鹳**
秘鲁南部，玻利维亚，智利北部，阿根廷西北部

世界上共有6种火烈鸟，主要分布在非洲和南美洲，分旧大陆和新大陆两个栖息地，其中非洲的两个品种栖息地大致相同。图中用彩色方块标注的位置就是这些热带水禽的主要分布区。

■ **智利红鹳**
秘鲁，玻利维亚，智利北部，阿根廷西北部，厄瓜多尔，巴西

■ **蓬纳红鹳**
秘鲁北部，玻利维亚，智利北部，阿根廷西北部

红粉佳人

火烈鸟是动物王国中最有魅力的鸟类之一。它们不仅拥有所有鸟类中相对来说最长的脖子和腿，鲜丽的羽色也在大型鸟类里堪称一绝。火烈鸟属于红鹳（guàn）科红鹳属（拉丁文*Phoenicopterus*，意思是"紫色的翅膀"），白鹳、苍鹭、白鹭、朱鹮（huán）、琵鹭等大型涉禽都是它们的近亲，而它们带蹼（pǔ）的脚掌和防水的羽毛又与雁类十分相似。像大多数鸟类一样，雄性火烈鸟和雌性火烈鸟在外表上有所不同，一些雄性火烈鸟的个头比雌鸟大三分之一，这种现象我们称之为雌雄异型。

按照栖息地的不同，六大品种的火烈鸟可以分为旧大陆和新大陆两类。其中旧大陆的两个品种——大红鹳和小红鹳——分别是体形最大和最小的。一只大红鹳体重可达4千克，双翼（yì）展开足有1.7米；而一只小红鹳却只有1.6千克重，翼展也只有1米宽。旧大陆的火烈鸟都生活在南

玫瑰琵鹭生活在墨西哥湾岸区，它们的栖息地北起加勒比海，南到智利和阿根廷。

火烈鸟的近亲美洲红鹮和玫瑰琵鹭，同样通过取食微生物将羽毛染成红色。

火烈鸟每天都会花三分之一的时间梳理羽毛，它们也会把尾部腺体分泌的油脂涂在羽毛上，这样羽毛就不会进水了。

欧、非洲、中东和西印度的海岸地区。

新大陆的火烈鸟分为四个品种：加勒比海红鹳、安第斯红鹳、智利红鹳、蓬纳红鹳。雄性加勒比海红鹳的个头是新大陆最大的，它们的平均体重有2.7千克，平均翼展也有1.5米。加勒比海红鹳主要栖息地在加勒比海诸岛、加拉帕戈斯群岛，以及哥伦比亚到委内瑞拉之间的海岸与岛屿。另外，美国佛罗里达南部的大沼泽地国家公园也有小群火烈鸟出没。它们可能是从动物园逃出来的，也可能是无意间从古巴飞来的。

安第斯红鹳是唯一一种有着明黄色腿部的火烈鸟，这与其他品种的橙色或粉色腿部迥（jiǒng）然不同。它们生活在安第斯山麓（lù）的湿地里，这些湿地主要位于秘鲁南部、玻利维亚、智利北部以及阿根廷西北部。智利红鹳的栖息地与安第斯红鹳基本重合，但向北一直延伸到秘鲁北部和厄瓜多尔。智利红鹳腿中间部位的膝关节上有一圈红色或粉色

雌性加勒比海红鹳比雄性体形
小20%左右，体重近2.3千克。

智利红鹳栖息地在南美洲的高海拔地区，它们能经受极低的温度。

的斑块，独具特色（火烈鸟的膝盖差不多在腿部的最上端，常常隐没在羽毛里）。蓬纳红鹳，也叫詹姆斯红鹳，是以 1885 年发现此物种的英国自然学家哈利·伯克利·詹姆斯的名字命名的。蓬纳红鹳是新大陆火烈鸟中体形最小的品种，比小红鹳大不了多少。它们的领地与安第斯红鹳基本相同。

和其他鸟类一样，火烈鸟是温血动物，有羽毛和喙（huì），两足步行，卵生。作为热带水鸟，火烈鸟的活动范围包括了温暖的泥潟（xì）湖、港湾、海岸湿地和浅水湖，季节性碱（jiǎn）湖尤其受它们青睐。火烈鸟能浮在水上，也能用带蹼的双脚划水游动，但比起游泳，它们更喜欢在浅水中行走，以及在深水区上空飞行。火烈鸟灵活的长脖子和细细长长的双腿——长度视品种而定，最长可达 1.2 米——能让它们在其他鸟类难以企及的深水区觅食。所有的火烈鸟都有向前伸的脚趾，但加勒比海红鹳、智利红鹳、大红鹳和小红鹳还有一根向后翘的脚趾，称为后趾。火烈鸟用带蹼的脚掌猛踩水底，把水搅动，让食物从水底泥沙里冒上来。

　　火烈鸟进食时头朝下，憋着气潜入水中。它们碗状的喙部（颜色、图案随品种而不同）由角蛋白组成，这种坚硬而又柔韧的物质也是构成人

詹姆斯红鹳与其他火烈鸟不同的地方在于它们的喙部有黄色的着色。

肯尼亚博戈里亚湖在 2011 年的研究表明，火烈鸟通过相似的肢体语言寻找配偶。

有些企鹅和海雀也和火烈鸟一样是滤食性生物，但只有火烈鸟进食时头是倒插进水里的。

类指甲的材质。它们的下颚（è）与头骨相连，所有的嘴部动作均由上颚完成，这与大部分其他鸟类的嘴部结构不同。火烈鸟的食物包括植物的种子、藻类和一系列活的生物——小鱼、无脊椎动物等，它们从水中过滤这些生物。

火烈鸟的上下颚边缘长满了一层层过滤片。这些过滤片名叫"硬毛"，长得像有不规则锯齿的梳子，它们能够起到筛子的作用。火烈鸟先吞下满口水，再慢慢合上嘴，然后以肥厚多毛的舌头挤压上颚内壁，把水挤走。当水流过硬毛层时，水中的生物就会被硬毛缠住，困在嘴里。火烈鸟在水里或泥里来回摇摆脑袋的时候，它的嘴里正快速地进行着过滤动作。

大红鹳、加勒比海红鹳、智利红鹳口中的硬毛层比较稀疏，用来吞食种子和捕获2.5厘米以下的蚯蚓、小鱼、昆虫、软体动物等。它们的舌头每秒挤压上颚4—5次，一天能吞下近300克的食物。

火烈鸟口中硬毛的密度随品种而不同，每厘米5—20根不等。

一个有着一百万只火烈鸟的栖息地每年
能消耗大约200吨藻类。

小红鹳、安第斯红鹳、蓬纳红鹳口中的硬毛层细密，用来捕捉苍蝇、小虾以及藻类、浮游动物等单细胞生物。它们的舌头每秒能活动 20 下，每天能过滤约 60 克食物。

火烈鸟鲜艳的色彩源自它们的食物。一些藻类和细菌含有名为类胡萝卜素的色素，正是这种色素让动植物有了色彩。有些微生物自身能生产类胡萝卜素，另一些生物——比如小虾，则以这些生物为食，当火烈鸟吃下这两者之后，它们的颜色就会变得更深。以小红鹳为例，它们在一年中大部分时候是淡粉色的，但一到繁殖季节，吃了大量富含类胡萝卜素的藻类之后，它们的羽毛、腿甚至眼睛都会变成美丽的深红色。人工饲养的火烈鸟若是吃不到这些富含类胡萝卜素的食物，羽毛的颜色都会变淡。所以，现在动物园都会给火烈鸟进补红色藻类。在野生状态下，加勒比海红鹳有着最鲜艳的深红色羽毛，而大红鹳一般是最浅的粉红色。

火烈鸟有时会以生长在温泉里的微生物嗜热细菌为食。

栖息在山地的火烈鸟可以依靠聚集在温泉附近忍受夜间零下 30℃ 的低温。

火烈鸟以名为蓝藻的蓝绿色藻类
为食，这些藻类在肯尼亚的博戈
里亚湖产量丰富。

百千成群

火烈鸟体态轻盈，而且大部分时间都待在地面上，因此它们在捕食者面前十分脆弱。出于自我保护的需要，它们结成数以千计的大群体共同生活。极少有其他动物与火烈鸟共享栖息地，因为那些地方的环境极端恶劣。它们居住在红树林、河口和潮间带（海边那些涨潮时被淹没，退潮时露出来的滩涂），这些地方的水在雨季十分清澈，在旱季却盐度极高。尽管如此，这里蕴含的丰富营养物质还是支撑着大量微生物的繁殖。碱湖是地球上最生机勃勃的生态环境之一，随着丰沛的春雨降临，富含蛋白质的藻类、昆虫、卤虫（丰年虫、丰年虾）以及其他微小生物会呈现季节性的爆炸式生长繁殖，它们是春雨的馈赠。

火烈鸟并非季节性候鸟，但为了食物和筑巢地，它们总是一年到头都在不同地区之间奔波。成千上万的火烈鸟聚集起来，在南美洲和非洲的

火烈鸟弯曲脖子（通常向右侧），将脑袋埋在背上的羽毛里，以此阻止热量散失。

2010年，人们发现火烈鸟会在繁殖季节往身上涂抹更多的分泌的油，让自己的颜色看起来更深。

火烈鸟用多种叫声交流，包括呼噜声、嘟哝声和像鹅一样的嘎嘎声。

碱湖上组成浩浩荡荡的族群，它们在这里大量进食，为繁殖和养育雏鸟积蓄能量。炎热的夏天，大量水分从湖中蒸发，湖底厚厚的矿物质沉淀层裸露出来，暴晒在阳光下，结成了坚硬的盐滩。世界上最大的盐滩位于玻利维亚的乌尤尼盐沼，其面积约一万平方千米，坐落于海拔3600多米的安第斯山区。每年夏天，数以万计的火烈鸟来到此地进食和繁衍后代，而一到冬天，它们又会飞回温暖的低海拔栖息地。在非洲，火烈鸟聚集在东非大裂谷中的六七个碱湖里。在坦桑尼亚北部的纳特龙湖，这里的盐岛每年都吸引着近两百万只小红鹳。这些盐岛周围的水域充满了富含红色素的藻类，那里的水仿佛比火烈鸟的羽毛更红。

在繁殖季节，所有不同年龄段的火烈鸟都会聚集在一起，但具有生育能力的只有6岁以上的火烈鸟。在食物匮（kuì）乏期，火烈鸟也可能一整年都不繁殖；而一旦条件适合，栖息地的大部分适龄

从筑巢阶段到它们的孩子出生期间，火烈鸟夫妇都会频繁交流。

火烈鸟都会繁殖。火烈鸟通过集体表演一套组合动作来吸引异性，这种行为称为求偶展示。各个品种的火烈鸟有着不同的求偶展示动作，但大都包括了前进、摇头、振翅敬礼、伸展腿翅等动作，且所有的动作都整齐划一。前进时，整个火烈鸟群体都紧紧地挤在一起，一同朝一个方向移动，然后迅速转向另一个方向。它们还会一起表演摇头动作，伸长脖子，高高举起鸟喙，然后左右摇摆头部，动作迅速而整齐。伸脖子、抬尾巴，再伸开翅膀几秒钟，

有时压力或疾病会迫使火烈鸟抛弃自己的雏鸟，没有后代的成鸟也可能收养这些"孤儿"。

不断重复，就叫振翅敬礼。火烈鸟也会将一只腿向后伸，同时向后伸直一只翅膀，这叫作伸展腿翅。

火烈鸟的夫妻关系维持到繁殖季节结束。两只火烈鸟一起用喙堆起泥和盐来筑巢，巢体呈塔状，中间是浅浅的碗状凹陷。巢穴的高度最高可达61厘米，太阳会将其烤干，使其质地变得像岩石一样坚硬。从建立夫妻关系到筑巢结束共需要6周。之后，雌鸟会产下一枚石膏白色、两倍于鸡蛋大小的蛋。若盐滩破裂产生洪水，巢体还能保护火烈鸟蛋免遭洪水侵袭；比起直接落到滚烫的地面上，巢体里更凉快。在 27 天到 31 天的孵化期内，火烈鸟父母轮流孵蛋和看守蛋，并且每天都轻轻地翻转蛋。

雏鸟用卵齿啄破坚硬的蛋壳的过程会持续24—36 小时。其间，雏鸟会不停地叽叽叫，父母也会应答。这样，亲子之间就建立了一种声音的联系，雏鸟出壳后就凭此与父母相认。父母只喂养亲生的雏鸟。刚孵化的雏鸟重量在 57—85 克之间，它们长着一身松软的灰色或白色绒羽，喙部又直又红。雏鸟非常虚弱，但它们已经能抬起头来吃到父母喂给的"嗉囊（sù náng）乳"，那是成年火烈鸟喉部腺体分泌的一种红色液体。在喙部过滤系统成形之前，雏鸟会吮吸两个月的嗉囊乳。

一周大的雏鸟会走出巢穴，加入其他离巢雏

在飞羽长成之前，小火烈鸟聚集在一起躲避危险，因为它们只能用逃跑应对捕食者。

秃鹳的脖子下方有个囊袋，可能并非用来储藏食物，而是求偶展示用。

鸟的群体。数量众多的同伴能为它们提供安全感。11周大时，雏鸟的飞羽开始生长，喙部也开始弯曲。两到三岁之前的火烈鸟一直都是灰白色的，之后它们的羽毛才开始变成粉红色。

火烈鸟会受到多种捕食者的威胁，雏鸟和鸟蛋尤其脆弱，因为火烈鸟没有足够强大的力量击退掠食者，其喙部形状也不适合战斗。在南美洲和巴哈马地区，狐狸、野猫、老鹰、野猪和蛇类都会袭击火烈鸟巢；而在旧大陆，猎豹、花豹、胡狼和狒狒都会捕食成年火烈鸟，猫鼬（yòu）和野狗则主要以火烈鸟蛋和雏鸟为食。

然而，旧大陆火烈鸟最可怕的天敌还是秃鹳。秃鹳又称"送葬鸟"，得名于它们长长的漆黑的羽毛和几乎无毛的头颈部。它们有着9千克重的身躯和36厘米长的尖喙，几只秃鹳就能毫不费力地杀死上百只火烈鸟雏鸟。虽然秃鹳如此凶残，但通常情况下，一个包含五十万只小红鹳的非洲的栖息地内，雏鸟的死亡率也可能只有百分之五。

火烈鸟的脖子由19根颈椎骨组成，能灵活转动。

几千年来，亚洲的艺术中描绘了许多大鸟形象，比如火烈鸟和仙鹤。

太阳之灵

几千年来，火烈鸟一直活跃在许多民族的神话传说里。在古埃及，火烈鸟象征红色。埃及神话中，当一棵神树燃起火焰时，太阳神"拉"将化作一只光芒闪耀的赤红色巨鸟——"贝努鸟"，从火焰中重生。当时的尼罗河沿岸生活着大群的火烈鸟，人们便将它们视作贝努鸟在人间的化身，拉神灵魂的承载者。在尼罗河西岸的奈加代，考古学家发现了画着火烈鸟图案的陶罐，距今已有3200多年的历史。

贝努鸟的故事可能在公元前5世纪左右传入希腊，成为西方传说中火凤凰的原型。每隔1000年，火凤凰都会将自己烧尽，再从灰烬里重生。世界各地的神话里也都有类似的不死神鸟形象，譬如伊朗的"呼玛"和斯拉夫的"火鸟"。

公元前1世纪左右，罗马人进入埃及。他们捕捉火烈鸟，把它们的舌头献给皇帝。几百年后，在北非的突尼斯，火烈鸟肉是一道美味佳肴。在埃尔·杰姆的考古遗址，公元前3世纪的马赛克艺术描绘了人们准备烹饪火烈鸟的情景。同时期，火烈鸟也被驯养为宠物，在许多巡回演出的马戏

弗朗明戈舞是一种西班牙舞蹈，据说是模仿火烈鸟求偶舞的敏捷动作创作的。

从1589年开始，火烈鸟装就一直是玻利维亚波托西每年一度的狂欢节上的传统装扮。

野生火烈鸟的寿命约为20—30年，养殖的火烈鸟一般能活到30年以上。

团和私人动物园里展出。西西里岛发现的另一幅马赛克（公元前4世纪）描绘了几只红色火烈鸟拉着两轮儿童车的情景。

在美洲，莫切文明兴起于2000年前的秘鲁西北部。莫切人经常在绘画和陶艺中描绘各种动物形象，其中就有火烈鸟的身影。1987年，秘鲁考古学家华特·阿尔瓦发现了一处公元前2世纪的莫切国王墓葬，其中的各种工艺品里就有火烈鸟羽毛制成的挂饰和头饰。

到了近代，虽然火烈鸟已经不再是受人崇拜的神灵或异鸟了，但它们的美丽和优雅依旧被无数人赞叹。世界各地的动物园里，火烈鸟都是常住者。唯独澳大利亚禁止进口外国鸟类，只留下两只火烈鸟当作他们国家的样本，它们或许也是全世界最老的一对火烈鸟了。1933年，一只昵称"老大"的大红鹳入住澳大利亚的阿德莱德动物园，据说它当时已经80多岁了。另一只智利红鹳于1948年入住，恰好在法令颁布之前。在一起突发事件之前，这两只火烈鸟都从不怕生。直到2008年，四个年轻人袭击了"老大"，打碎了它

的头骨，打瞎了它的一只眼睛。经药物治疗一年后，"老大"康复并回到了动物园的家里，回到了自己相处了50多年的共享领地的同伴身边。

在美国，火烈鸟经常被描绘为花里胡哨的喜剧角色，有长腿之类特点的人总是被拿它开玩笑。臭名昭著的纽约歹徒本杰明·"巴格西"·西格尔有一个女朋友名叫弗吉尼亚·希尔。她有着又细又长的脖子，所以西格尔叫她"火烈鸟"。1945年，西格尔在拉斯维加斯建立了当时全世界最大最时尚的夜总会，耗资600万美元，他把这栋华丽的

基因差异使不同品种的火烈鸟无法杂交。

芝加哥的"火烈鸟"雕塑,鲜红的色彩在钢铁与玻璃间分外醒目。这种颜色被称为"考尔德红"。

建筑命名为"火烈鸟"，正是弗吉尼亚的昵称。如今，拉斯维加斯的火烈鸟夜总会里，室内布景依旧是热带雨林风格，中庭花园里更是居住着一群真正的智利红鹳。现在，这里是拉斯维加斯大道上最老的夜总会。

迪士尼电影《幻想曲2000》中出现了一群双腿细长无比的火烈鸟角色。它们努力想带鸟群中的一位跟上大部队的节奏，但那只鸟始终不愿跟上大家的舞步，而一直忙着玩悠悠球，同伴们的节奏都被它搅乱了。这个被称为"悠悠火烈鸟"的角色也出现在迪士尼的其他剧集中，比如20世纪早期的电视剧《米老鼠群星会》。另一个火烈鸟卡通形象是《芝麻街》中的"火烈鸟普拉西多"，它的原型是西班牙歌剧歌唱家普拉西多·多明戈。这只歌唱家火烈鸟出现在"鸟巢城大剧院"——一个向《芝麻街》观众介绍古典音乐的虚构场景中。2008年，迪士尼自然拍摄的影片《红色翅膀：火烈鸟故事》更是以真正的火烈鸟为主角，那是一部纪录片，讲述了东非大裂谷纳特龙湖中盐岛上火烈鸟栖息地的故事。

悠悠球火烈鸟对悠悠球的痴迷不仅让它脱离了鸟群，还把大家搅得一团糟。

1973年，美国雕塑家亚历山大·考尔德为美国芝加哥克卢钦斯基联邦大厦设计了一座50吨重的钢铁雕塑"火烈鸟"。

堂·费瑟斯通模仿《国家地理》杂志上的一张照片制作了最初的草坪火烈鸟。

在印度教传统中，四面四臂的创世神梵天经常被描绘成骑在赤红色火烈鸟的背上。

在小说中，火烈鸟角色总是在众多鸟类中独树一帜。吉尔·克尔·康威于2006年创作的小说《火烈鸟费利佩》讲述了一只小火烈鸟被迁徙的族群遗忘，而后被各种鸟类的家庭轮番收养的故事。詹妮弗·赛特的《西尔维》中，一只火烈鸟尝试着吃不同的食物，这让它的羽毛颜色不断改变。杰米·哈珀的《明戈小姐与开学第一天》讲述了一位火烈鸟老师与自己的学生相互认识的故事。

或许大家最熟悉的还是那些塑料做的"草坪火烈鸟"，这些粉红色的塑料装饰品是费瑟斯通在1957年为美国马萨诸塞州一家塑料厂设计的。超高的人气甚至让它们成为了电影中的角色。在2011年的动画电影《罗密欧与朱丽叶》中，两个相爱的地精与一只孤独的草坪火烈鸟"费瑟斯通"成为了朋友。1987年，一只名为"平克·弗洛伊德"的智利红鹳逃出了美国犹他州盐湖城的特雷西鸟舍，并在大盐湖定居下来。为了让"平克·弗洛伊德"不感到孤单，市政府在周围竖立了一群草坪火烈鸟，这方法似乎有效，因为这只鸟一直活到了2015年。

从 2002 年起，最初由费瑟斯通设计的草坪火烈鸟开始在 GetFlocked.com 网站上销售。2004 年，公司向驻伊拉克美军送去了一箱火烈鸟，来提醒他们不忘记故乡与亲友。士兵们回信时，欢乐和惊喜溢于言表："看见你们寄来的火烈鸟，所有的人都开心地笑了……它们是纯粹的美国精神。"

草坪火烈鸟费瑟斯通帮助躲避家族争斗的罗密欧与朱丽叶走到了一起。

爱丽丝梦游仙境

刘易斯·卡罗尔

　　"各就各位！"王后如雷霆般怒吼道。人们开始朝着四面八方跑来跑去，乱成一团。但是不到两分钟，大家还是都各就各位了，于是游戏开始了。爱丽丝感觉，自己有生以来从未见过如此滑稽的槌球比赛：场地上到处都是土垄和地沟，球是活生生的刺猬，球杆也是活生生的火烈鸟，而球门居然是两个弓着身子，四脚着地叠在一起的扑克牌士兵扮演的。

　　爱丽丝遇到的麻烦就是手中的火烈鸟。虽然她能毫不费力地把火烈鸟伸直，将它头朝下支在地上，但是一到要击打刺猬球的时候，火烈鸟又会扭转身子立起来，面对面地看着她的脸。此时火烈鸟的表情是那样的窘迫，令她不禁捧腹大笑。更令人恼火的是，在她又一次把火烈鸟的脑袋按到地上准备击球的时候，那刺猬居然自己伸展开了，还打算要爬走。不仅如此，不管她要把刺猬打向哪个方向，都会有一道土垄或地沟挡在路中，而且那些弓着身子的士兵还经常直起身来跑到别处去。总而言之，爱丽丝想，这是一场非常难打的比赛。

盐湖的消失

现代火烈鸟最古老的近亲是*Phoenicopterus croizeti*，它们生活在4000万年前。这种精力充沛的鸟类是最早能在浅水中行走和捕食的鸟类物种之一，但与现代火烈鸟不同的是，它们的长途飞行能力很差。它们的化石发现于法国。另一种火烈鸟祖先出现在约2500万年前，它们和许多其他鸟类、早期鳄鱼一起生活在澳大利亚中部的湿地和雨林里。

身高约1.5米的 *Phoeniconotius eyrensis* 是目前发现的最大的史前火烈鸟。几百万年前，因为环境变化，许多火烈鸟栖息地的水源干涸，变为沙漠，它们被迫离开澳大利亚。南澳大利亚州的艾尔湖是一个水量稀少的季节性浅盐滩，这里出土了很多早期火烈鸟和其他涉禽的化石。

世界的另一边，体形最小的火烈鸟祖先之一生活在北美洲。它们直到11000年前的上个冰河期结束才最终灭绝。20世纪50年代，*Phoenicopterus minutus* 的残骸化石在美国加利福尼亚州的莫哈韦沙漠首次出土。它们的学名意思是"小型火烈鸟"。很久以前，北美洲的火烈鸟被

Juncitarsus merkeli是一种巨大的火烈鸟近亲，它们生活在大约4000万年前。

乌尤尼盐沼的110亿吨盐每年都要被开采近3万吨。

火烈鸟喜欢少鱼或无鱼的湖泊，因为鱼类会争夺火烈鸟的食物——藻类。

迫迁徙到了赤道以南地区，在那里，它们不断进化，最终形成了现在的南美洲火烈鸟。

火烈鸟只适应浅水环境里的生活，因此科学家和生态环境保护者们对这种鸟类未来的命运格外担忧。如今，各种工业活动正在侵占，甚至毁灭火烈鸟的栖息地，纯碱开采带来的破坏最大，因为火烈鸟筑巢和取食的每一个湖里都有这种有咸味的矿物质。在阿富汗、阿根廷、印度、肯尼亚、坦桑尼亚、土耳其这些有火烈鸟栖息地的国家，人们已经进行了数十项研究，目的是确认采矿对火烈鸟的生存和繁殖究竟会有多大的影响。

从玻璃到洗涤剂和牙膏，许多产品的生产都要用到碳酸钙，加入食品添加剂的碳酸钙能让可可粉一类粉末状食品保存得更久，也能防止速溶燕麦片受潮结块。为了从碱湖中提取纯碱，人们会用水泵（bèng）把湖水抽到围封孔里蒸发掉，再把剩下的含盐残渣在太阳下晒硬，切成块状。这种抽水方法加剧了碱湖自身的蒸发过程，使火烈鸟失去越来越多可取食的水体，可供筑巢的盐岛也越来越少。此外，人类的活动也会惊吓火烈

只有在展翅时，火烈鸟才会露出12根黑色主飞羽。

鸟，让它们抛弃繁殖地逃走。

坦桑尼亚政府批准了在纳特龙湖大规模开采纯碱的工程，这让科学家们无比惊慌，因为全世界65%—75%的小红鹳族群每年都在那里筑巢。在非洲，持续不断的采矿不仅让火烈鸟的数量急剧减少，也会对采矿人员的生活造成不良影响。举例来说，如果每年都有上千人来纳特龙湖观赏火烈鸟，就可以为坦桑尼亚人带去一笔可观的旅游收益。而相比之下，碱矿开采虽然在短期内利

火烈鸟在纳特龙湖48.9℃的高温下繁衍生息。

润更丰厚，但最终却会耗尽纯碱矿藏。没有火烈鸟长期拉动旅游业，坦桑尼亚的经济注定会不景气，这也会最终影响本国采矿工人的生活。

工厂主们认为，只要有220万到320万只小红鹳和55万只大红鹳，整个物种的数量就稳定了，然而火烈鸟是当地生态系统的一部分，生态系统一旦被破坏，火烈鸟的数量就会年年持续减少。新大陆火烈鸟的数量已经很少了（蓬纳红鹳的数量已不足64000只，安第斯红鹳的数量甚至低于34000只），但它们也仍遭遇着同样的问题。在南美洲，采矿和农田灌溉耗尽了许多火烈鸟栖息地的水源。随着城市的扩张，道路建设和污水排放也加剧了火烈鸟栖息地的破坏。更有甚者，就算是在保护区里，都有人非法盗猎数以千计的火烈鸟蛋，并将其当作食物出售。此外，本地人还认为火烈鸟体内含有某些能防治疾病的物质，并因此猎杀它们，也有人只是为了它们的羽毛和油脂。智利红鹳如今只剩约 20 万只，它们的生存受到了游客和摄影者的影响，因为他们的惊扰会使火烈鸟逃离自己的巢穴。

在南美洲，20 世纪前几十年的过度猎杀和栖息地破坏曾使美洲火烈鸟的数量急剧下降，在 20 世纪中叶，只有不到 22000 只火烈鸟生存了下来。但是多亏了自然保护区的建立和其他一系列保护措施，火烈鸟们再次得以繁衍生息，数量迅速回升。今天，美洲火烈鸟的预估种群总量约为 85 万只。

虽然无法阻止鸟群数量的减少，但是国有保护区还是尽心帮助着新大陆的三种火烈鸟。玻利维亚西南部的爱德阿都·阿瓦罗·安第斯动物群国

蓬纳红鹳曾一度被认为已灭绝，直到1956年一小群蓬纳红鹳被发现，人们开始采取保护措施帮助其恢复。

火烈鸟通常需要一段助跑来帮助飞行，一般是迈几大步。

在长途集群飞行时，火烈鸟的速度可达每小时 56 千米。

家保护区是南美洲最重要的火烈鸟栖息地之一，占地将近69万公顷。秘鲁的萨利纳斯和阿瓜达·布兰卡国家保护区也同样保护着安第斯山脉之上的火烈鸟筑巢地。另一个重要的火烈鸟栖息地是智利的火烈鸟国家保护区，1996年，这里的主湖塔拉盐湖被《湿地公约》——一项保护湿地环境的国际公约定为"国家级重点湿地"。这个保护区不仅是火烈鸟的家园，也为它们的许多高海拔鸟类邻居提供了庇护所，比如黑翅草雁、高大而不会飞的小美洲鸵，以及长得像鹌鹑（ān chún）的高原鹬（yù）鸵。

公园的护林员们一直在火烈鸟筑巢地周围巡逻，提防着偷猎者入侵，同时，研究者们也继续监控着鸟群的数量。

2013年，阿根廷、玻利维亚、智利决定联合建立一个跨三国的保护区，来保护更多的火烈鸟栖息地。这些保护措施的确有一定的积极作用，但是人类活动与气候变化也一直影响着世界各地火烈鸟的生存状况和死亡率。一代又一代的火烈鸟克服严酷的环境繁衍生息，如果人类把环境弄

据悉，在栖息地之间穿行时，火烈鸟能在一夜间穿越595千米的距离。

得更糟，它们只能被迫适应，直到灭绝。

　　火烈鸟的未来还是未知数，为了拯救它们，更深入的研究和加强保护措施的行动势在必行。

动物寓言：女神的眼泪

在美洲，鸟类在解释万物起源的神话故事中扮演了重要角色。这个故事来自阿根廷的民间传说，主要讲述了盐如何出现在阿根廷最大的天然咸水湖奇基塔湖（Mar Chiquita，西班牙语意为"小海"）中，以及火烈鸟如何在这个湖边浅滩的泥岛上定居的故事。

很久很久以前，一位水之女神居住在一个淡水湖畔，湖的周围是一片美丽的森林。一小队武士守护着这片土地，这里欢迎来采集浆果和捕鱼的人们。

然而有一天，一支部落入侵了这片和平的土地。

入侵者的首领进入了神殿，对女神说："我们宣布，这里现在是我们的土地，我们将击败你的护卫，直到你投降为止。"

"我不能给你这片土地，"女神说，"这里是大家平等共享的。"

听到这句话，入侵者们展开了进攻。女神的护卫们身强力壮，英勇善战，但入侵者们同样非常强大。战斗日以继夜地持续着，双方都没有什么实质性的胜利。

入侵者首领再次问女神："你还要抗争多久？我们不会放弃，快给我们土地！"

"我不同意。"女神坚持说，"土地由万物平等分享。"

女神的拒绝激怒了这个首领，他怒道："如果我们得不到这片土地，那么任何人都别想得到！"

愤怒而自私的入侵者首领命令手下火烧森林，把动物们杀死的杀死，赶走的赶走。他们在湖里撒下大网，抓起了所有的鱼，把它们抛在太阳下晒死。而女神只能站在神

塔上，看着自己的勇士们竭力抵抗，却最终无力阻止这场屠杀。她感到无尽悲痛，哭泣不止。

入侵者的暴行令这片土地烈火燃烧、树木倒塌、动物死亡，一直持续了三天三夜，女神的哭泣也持续了三天三夜。

女神悲伤而沉痛的哭声震动了天地，引发了一场巨大的风暴。狂风卷起浓烟，遮蔽了入侵者与护卫者双方的视线，双方人马都喘着气，窒息而死。而女神的眼泪沿着神殿的墙壁倾泻而下，淹没了大地。泪水熄灭了火焰，但一切都太晚了，这片土地上的一切生物都死了。

烟消云散，洪水止息，原本是森林的地方被一片巨大的盐湖所取代。盐湖周围是黑色的泥土和一丛丛烧焦的草茎。女神的护卫们的尸体漂浮在水上。

之后，女神笑了，向大地吹去一阵温和的暖风。突然，新的沼泽植物开始发芽，小虾在水里扑腾着。而女神的护卫们都变成了鸟儿，他们的伤口痊愈，变成了粉红色的斑纹——他们变成了火烈鸟！

于是，直到今天，火烈鸟们都会成群结队地聚集在盐湖岸边，守护着沉睡在湖底的女神的宫殿。它被草地环绕着，没有人能够侵占。

小词典

【适应】
通过变化增加在环境中存活的概率。

【考古学家】
通过挖掘古人类及其遗迹,研究人类历史的专家。

【文化】
社会中某一特定群体所共有的特定行为准则。

【绒毛】
羽支不相互勾连,没有光滑表面的小羽毛,看起来毛茸茸的。

【卵齿】
坚硬的齿状凸起物,长在幼年鸟类喙部和爬行类动物口中,专用来刺破蛋壳。

【河口】
河流的入海口,河水与大海在此交汇。

【蒸发】
从液体变成气体的过程。

【进化】
逐渐变成新形象的过程。

【野化】
驯化过的动物回归野生状态。

【腺】
一种器官,产生化学成分,作用于其他身体部位。

【本土】
起源于某个特定的地区或国家。

【无脊椎动物】
没有脊椎骨的动物,如昆虫、蠕虫和甲壳类。

【迁徙】
随季节变化而长途跋涉,通常在两地间往返。

【马赛克】
由玻璃、石头、瓷砖等许多彩色小方块拼成的一种图案。

【神话】
神话故事的集合,包含流行的传统信仰与故事,通常讲述一些事物的形成,以及它与其他人或事物的关系。

【营养物质】
给生物能量,帮助生物成长的物质。

【色素】
动植物组织中具有颜色的物质。

【偷猎】
非法捕猎受保护的野生动物。

【碱湖】
含有大量盐或其他类似物质的湖泊。

部分参考文献

Aeberhard, Matthew, and Leander Ward. The Crimson Wing: Mystery of the Flamingos. DVD. Paris, France: Disneynature, 2008.

Collar, Nigel. Pink Flamingos. New York: Abbeville Press, 2000.

Flamingo Resource Centre. "Flamingo Basics." http://www.flamingoresources.org/basics.html.

McMillan, Bruce. Wild Flamingos. Boston: Houghton Mifflin, 1997.

San Diego Zoo. "San Diego Zoo Animals: Flamingo." http://animals.sandiegozoo.org/animals/flamingo.

SeaWorld Education Department. Flamingos. http://www.seaworld.org/animal-info/info-books/flamingo/pdf/ib-flamingo.pdf. SeaWorld, 2005.

注意:

我们力保以上罗列的网站在本书出版之际仍保持运营。但由于互联网的特性,我们不能确保这些网站能无限期活跃,也不能保证里面的内容不会改变。

＊本书动物科学知识由浙江大学动物科学学院徐子叶女士审订。

火烈鸟利用它们优秀的听觉和视觉来
保持与族群同类间的联系。